MACHINES À VAPEUR

MISE À LA PORTÉE

DES PERSONNES QUI N'ONT POINT ÉTUDIÉ LES MATHÉMATIQUES

SUPÉRIEURES,

PAR

A. DEVILLEZ,

Professeur de mécanique appliquée et de constructions civiles à l'École provinciale d'industrie
et des mines du Hainaut,
ancien répétiteur à l'École centrale des arts et manufactures de Paris.

ATLAS

LIÉGE,

F. RENARD, ÉDITEUR,
rue des Augustins, 10

PARIS,
E. LACROIX, LIBRAIRE-ÉDITEUR,
quai Malaquais, 15

LEIPZIG,
F. A. BROCKHAUS, COMMISSIONNAIRE
pour l'Allemagne

1861

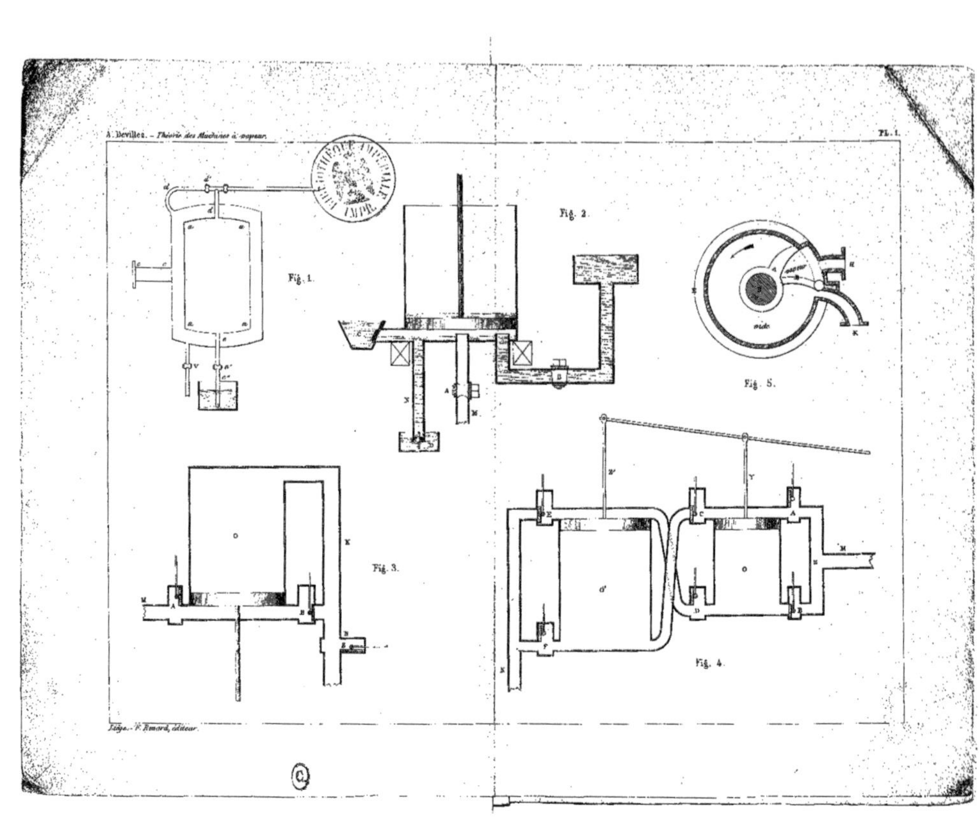
Fig. 1.
Fig. 2.
Fig. 5.
vide
Fig. 3.
Fig. 4.

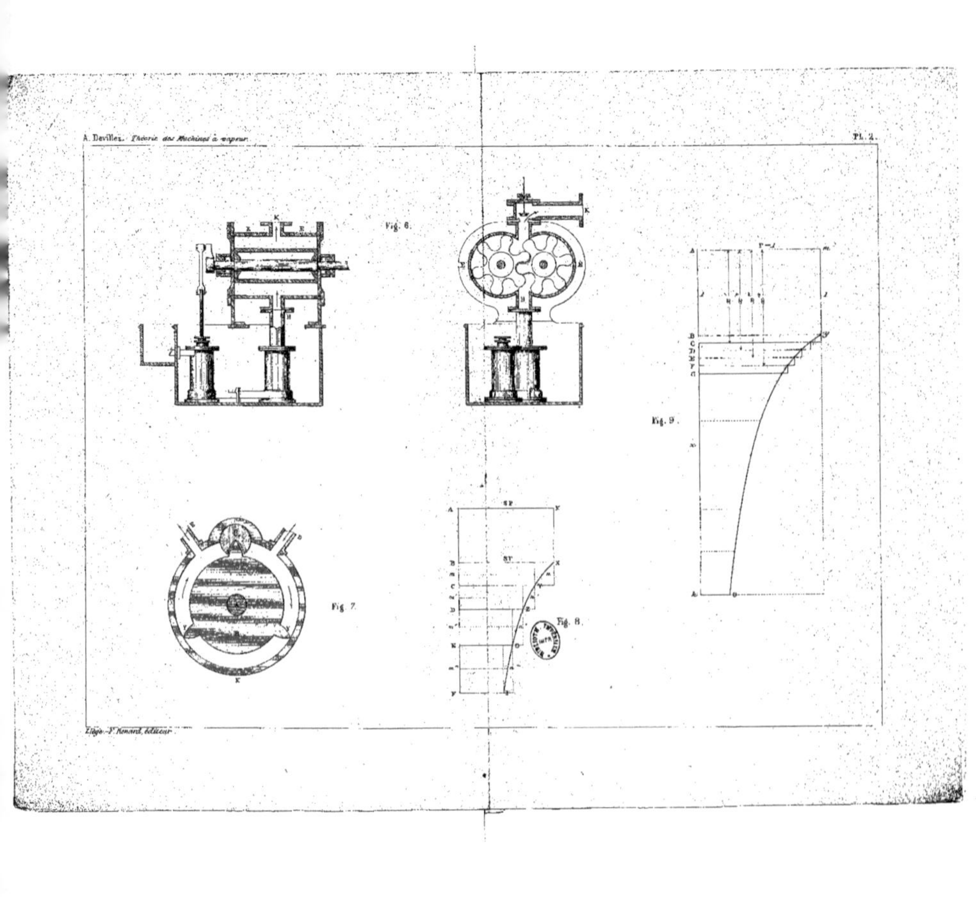

Fig. 6.
Fig. 7.
Fig. 8.
Fig. 9.

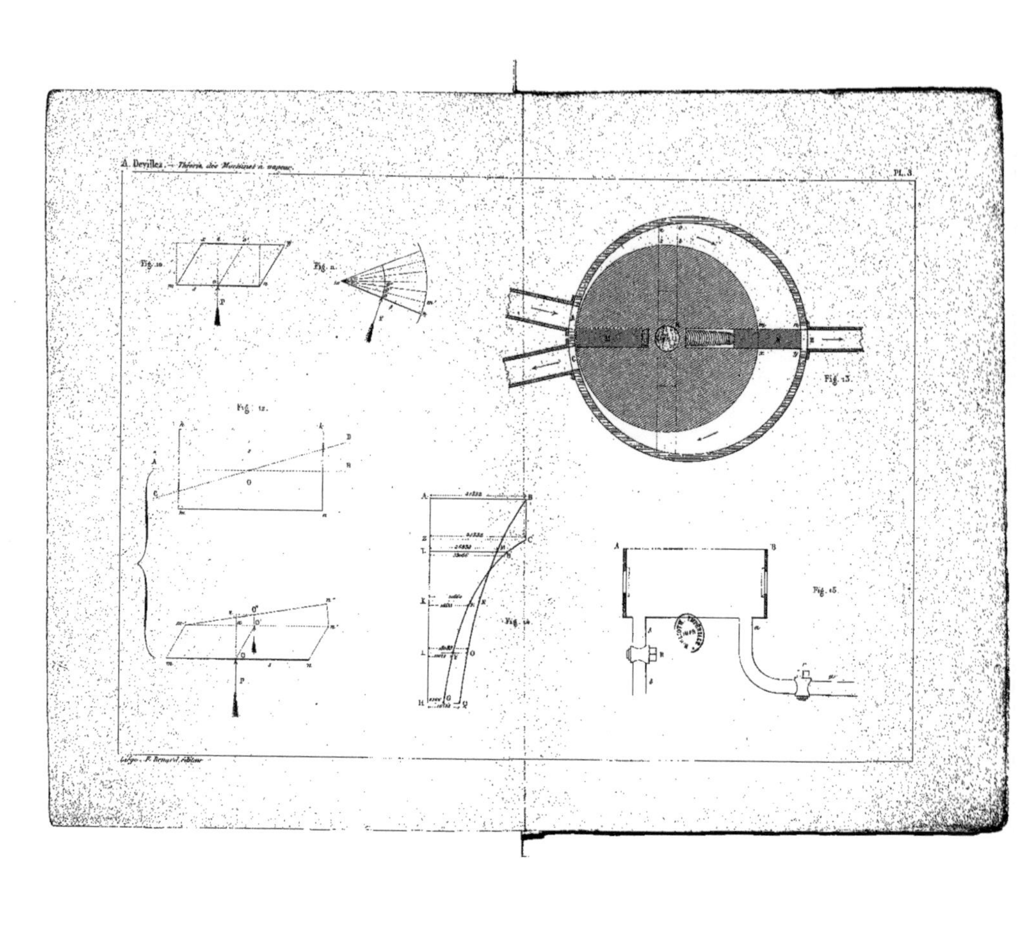

A. Devilles. — Théorie des Machines à vapeur.
Pl. 3
Fig. 10.
Fig. 11.
Fig. 12.
Fig. 13.
Fig. 14.
Fig. 15.
Litgr. F. Bernard, éditeur.

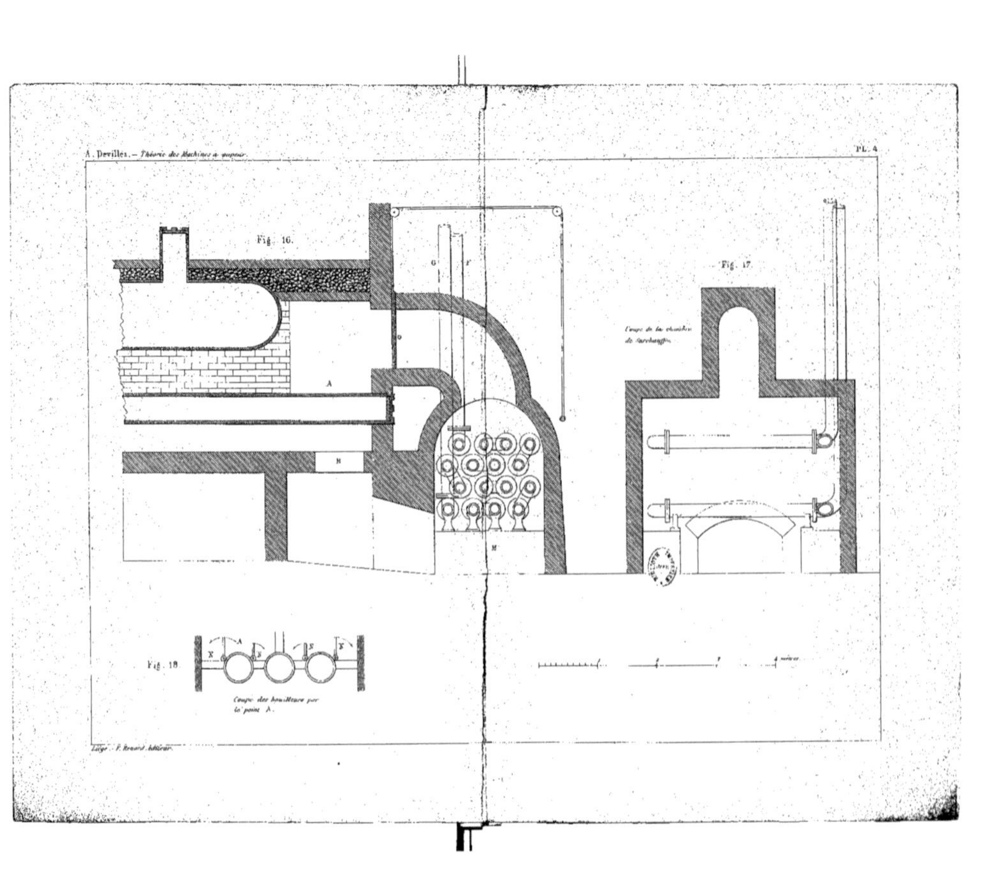

Fig. 16.
Fig. 17.
Coupe de la chaudière
de surchauffe.
Fig. 18.
Coupe des bouilleurs par
le point A.

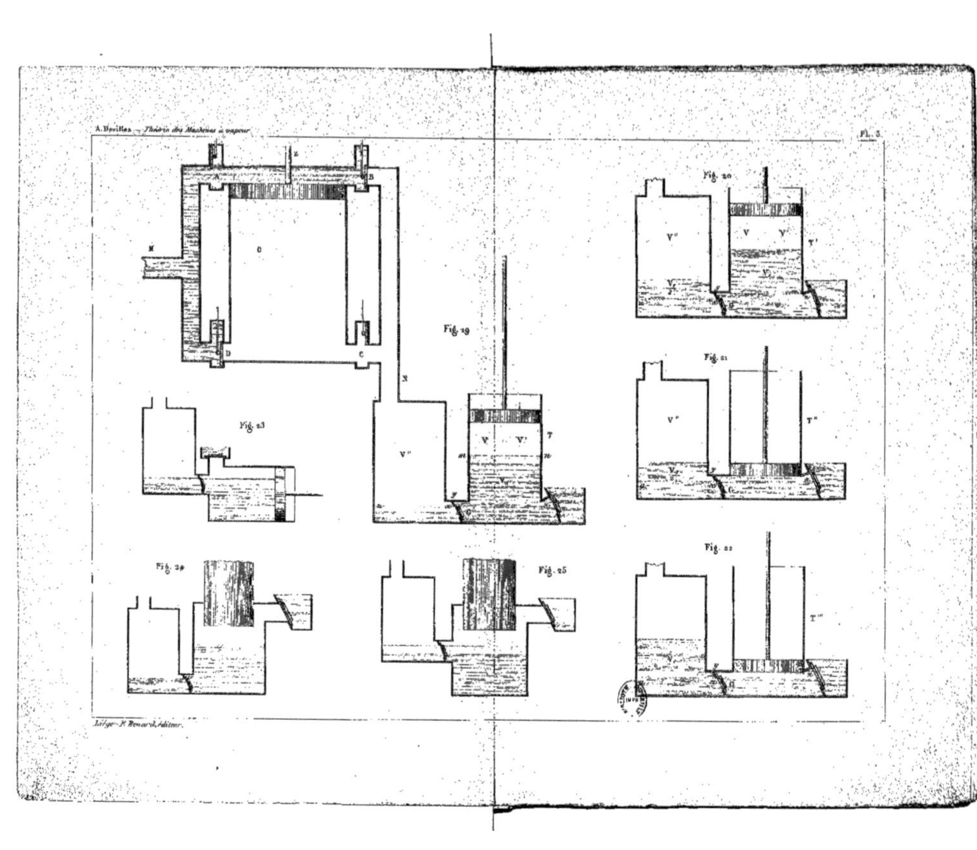

Liége. — F. Renard, Éditeur.

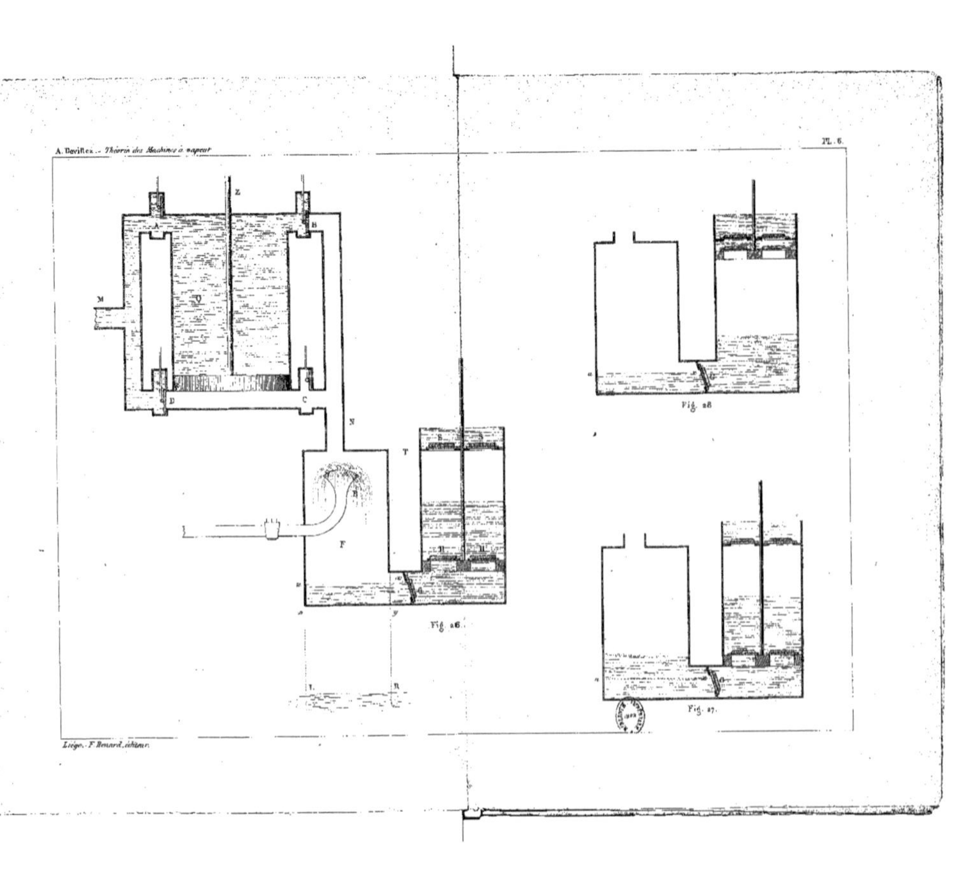

Z
A
B
M
D
C
N
T
R
F
Fig. 25.
Fig. 26.
Fig. 27.

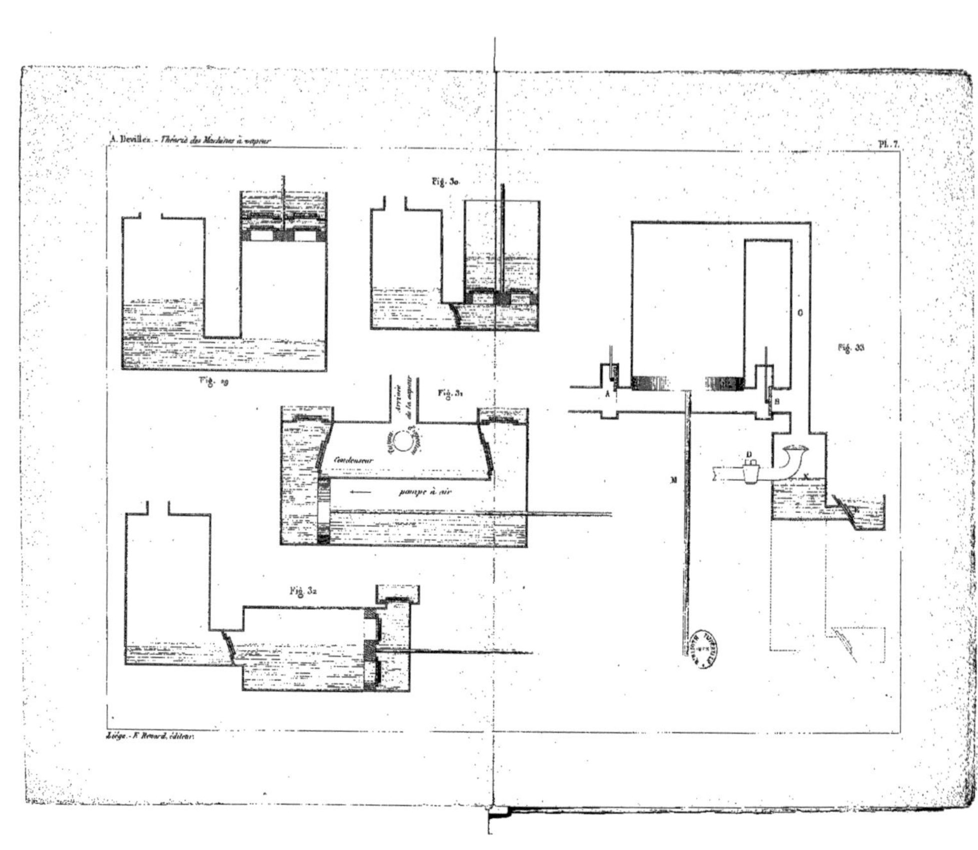
Fig. 3o.
Fig. 29
Fig. 31
Arrivée de la vapeur
Condenseur
pompe à air
Fig. 32
Fig. 33
O
A
B
M
D
K

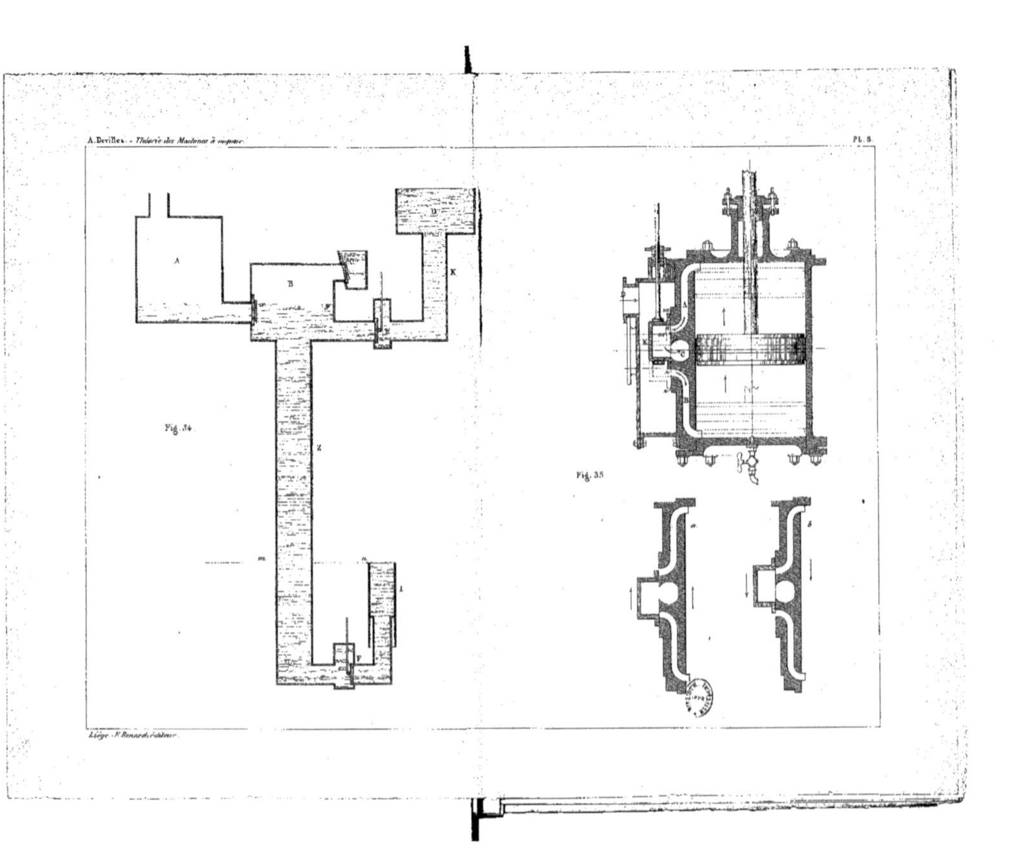

A
B
C
D
K
Z
L
F
Fig. 34
Fig. 35

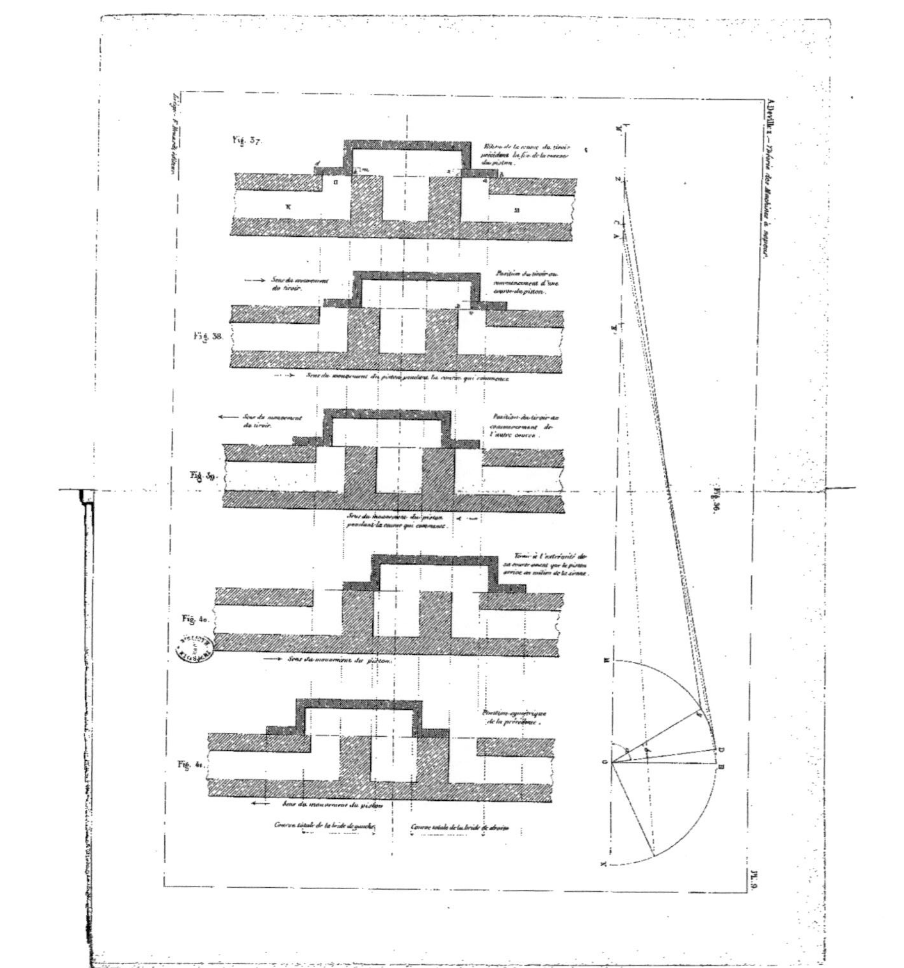
Fig. 37.
Fig. 38.
Fig. 39.
Fig. 40.
Fig. 41.
Fig. 36.
Retour de la course du tiroir précédant la fin de la course du piston.
Position du tiroir au commencement d'une course du piston.
Position du tiroir au commencement de l'autre course.
Tiroir à l'extérieur de sa course amené par le piston arrivé au milieu de la course.
Position symétrique de la précédente.
Sens du mouvement du tiroir.
Sens du mouvement du piston pendant la course qui commence.
Sens du mouvement du tiroir.
Sens du mouvement du piston pendant la course qui commence.
Sens du mouvement du piston.
Sens du mouvement du piston.
Course totale de la bride de gauche.
Course totale de la bride de droite.
M   Z   C   A   Y   M   O   X
D   B

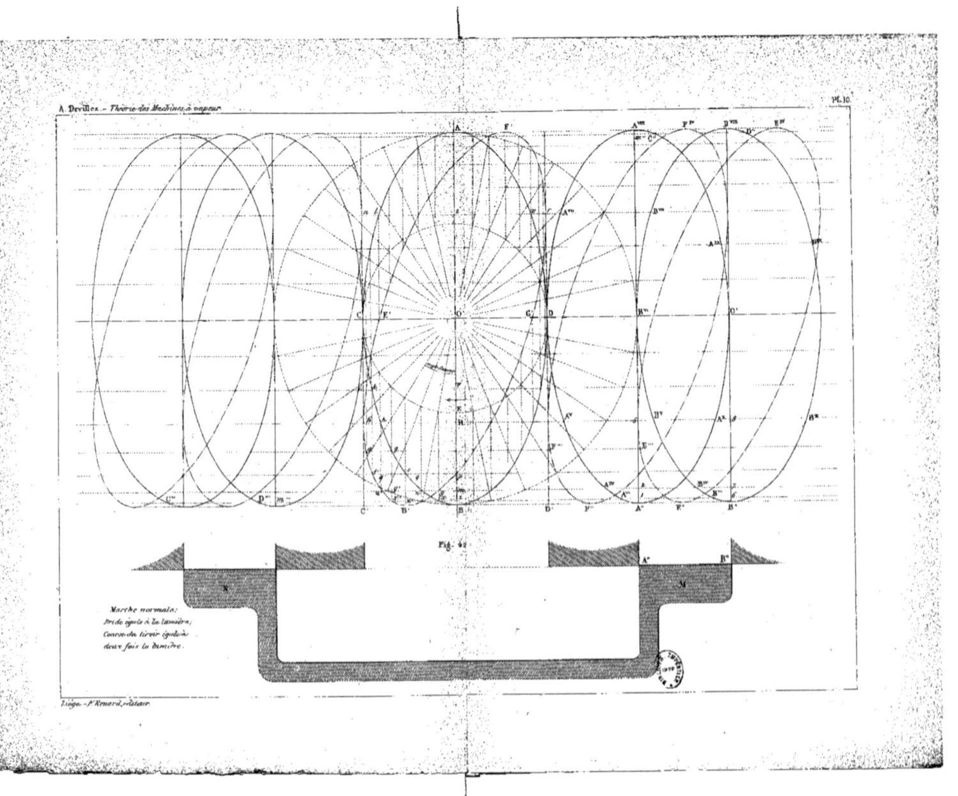

Fig. 61
Marche normale:
Bride égale à la lumière;
Course du tiroir égale à
deux fois la lumière.

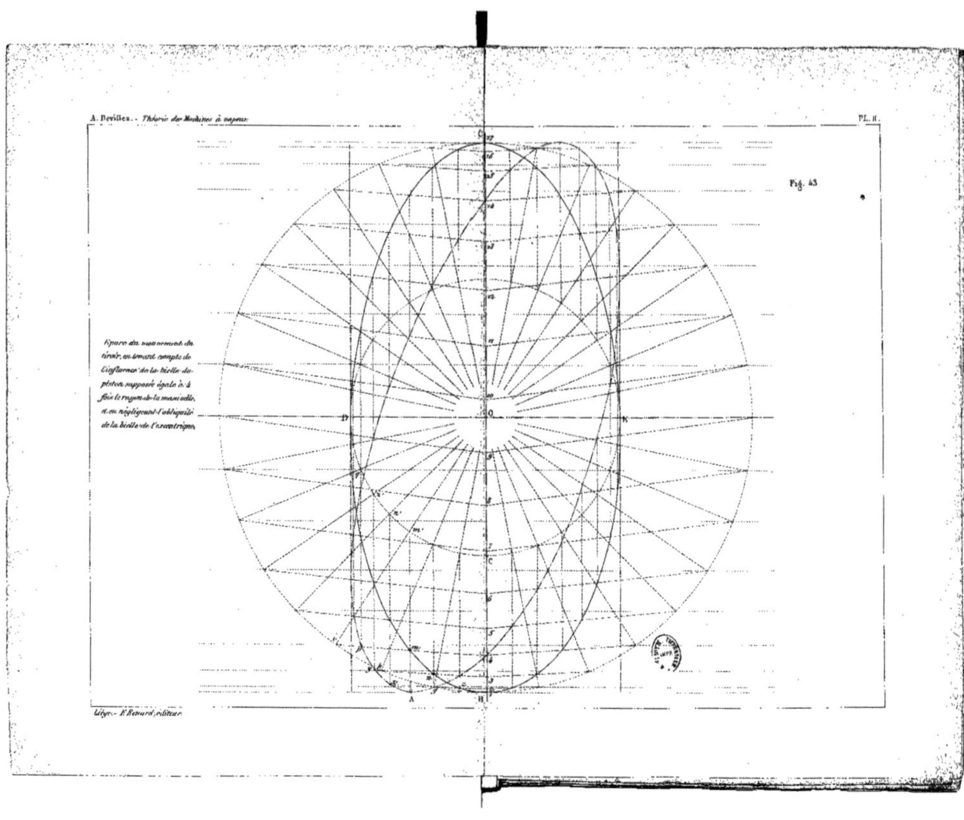

Fig. 43
Épure du mouvement du
tiroir, en tenant compte de
l'influence de la bielle du
piston supposée égale à 4
fois le rayon de la manivelle,
et en négligeant l'obliquité
de la bielle de l'excentrique.

A. Devillez — *Théorie des Machines à vapeur.*

Fig. 44.

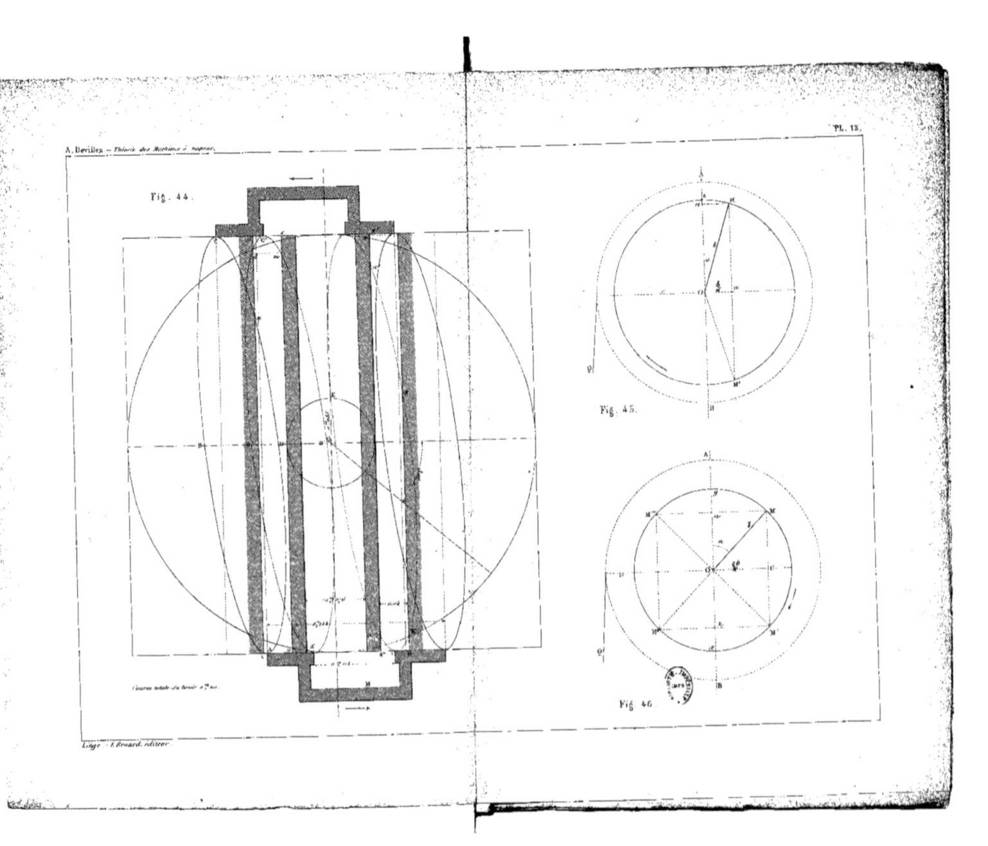

Fig. 45.

Fig. 46.

Liège — F. Renard, éditeur.

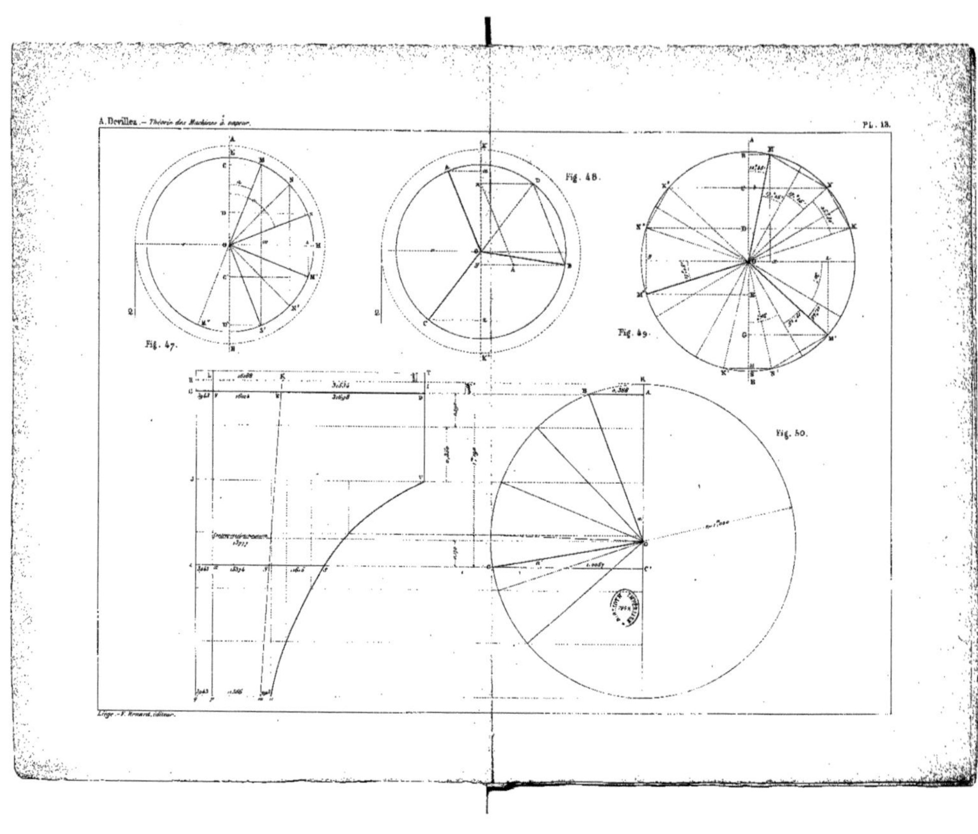

Liège - F. Renard, éditeur.

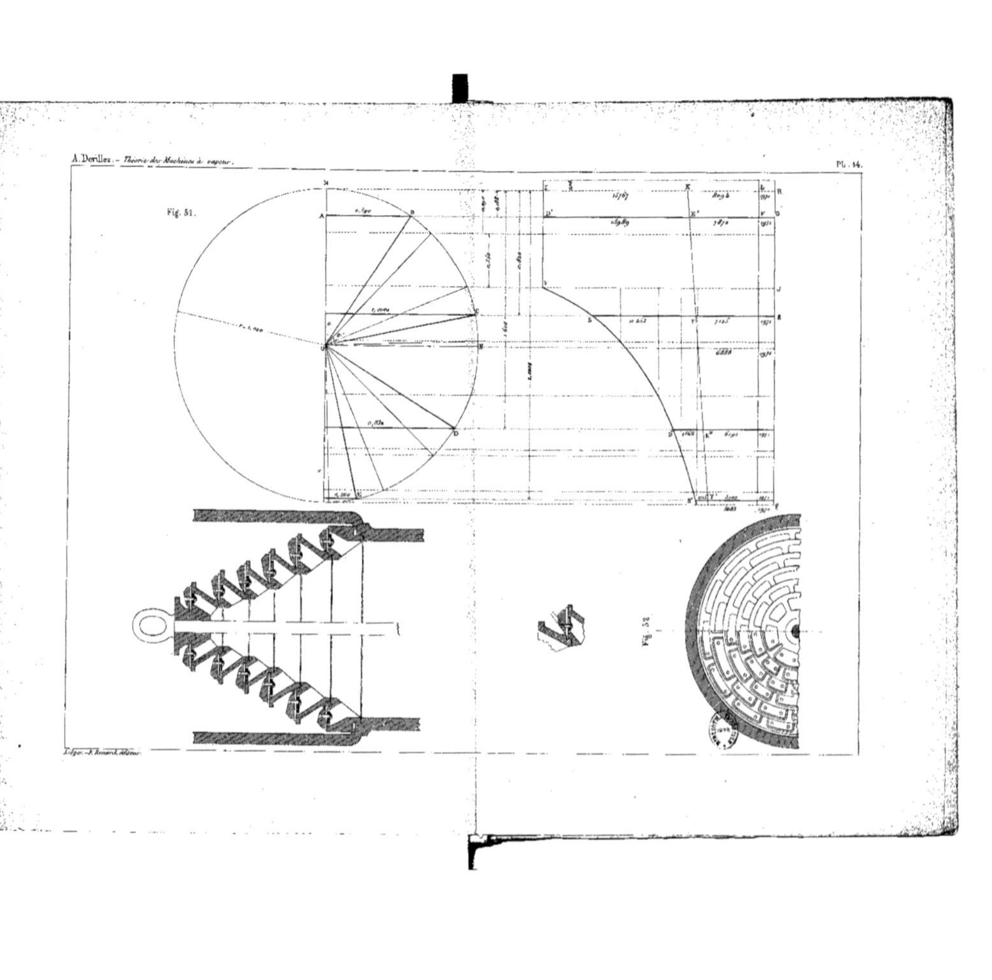
Fig. 51.
Fig. 52.

Fig. 54.

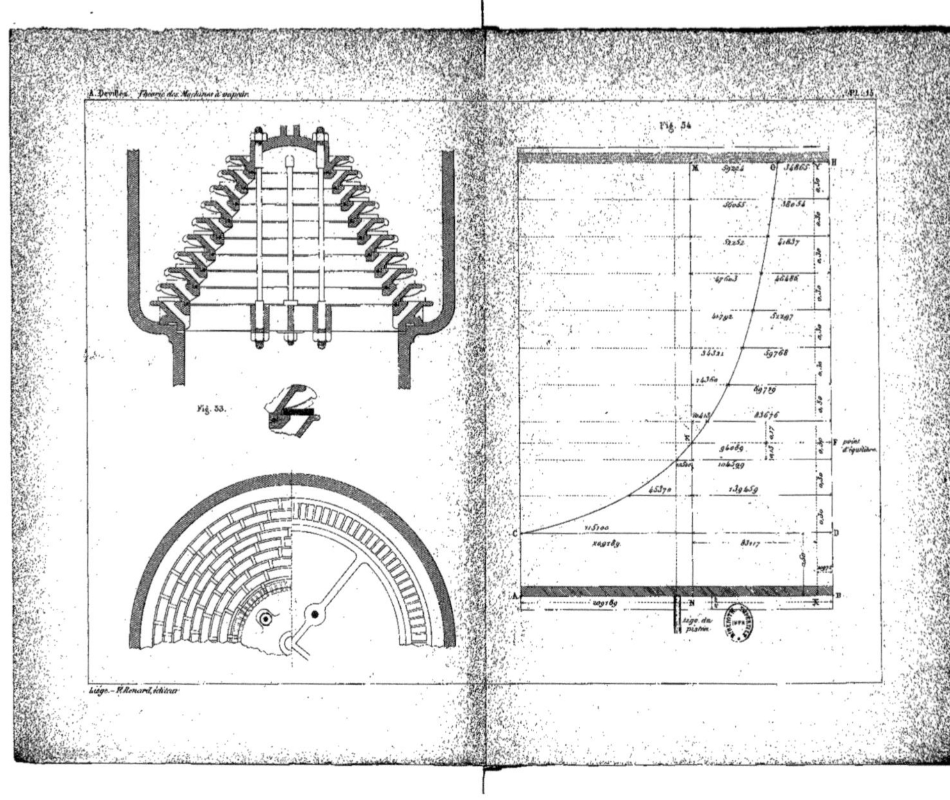

Fig. 53.

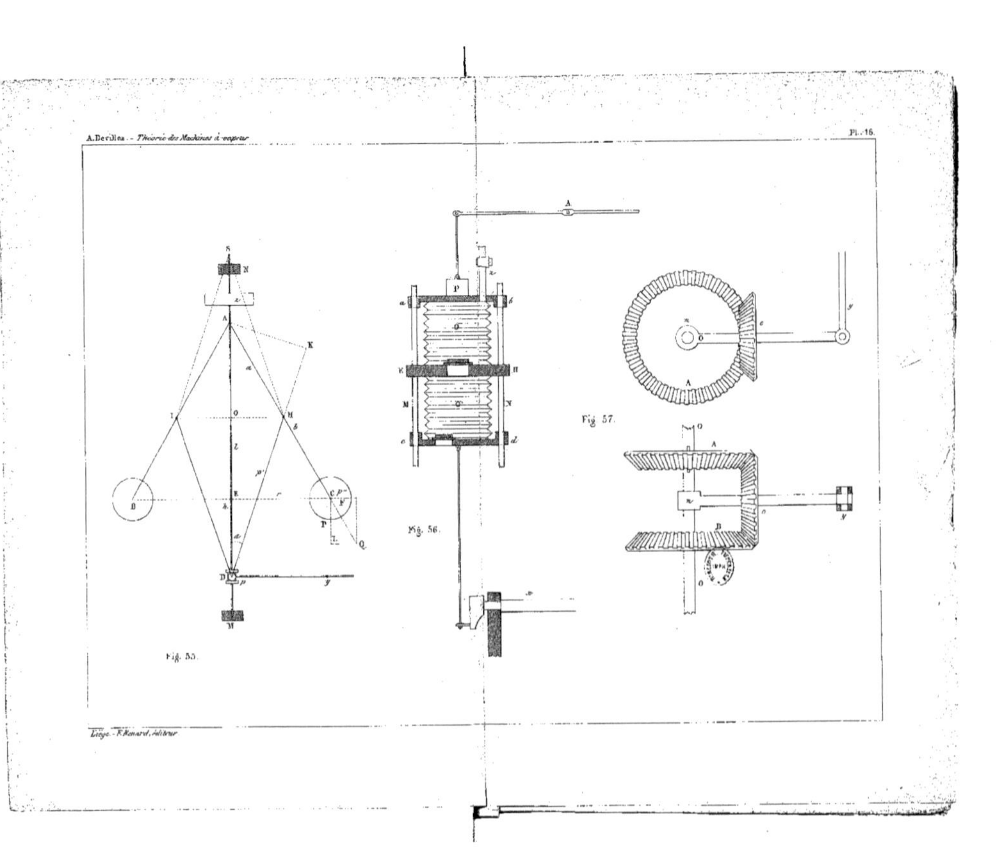
Fig. 55.
Fig. 56.
Fig. 57.

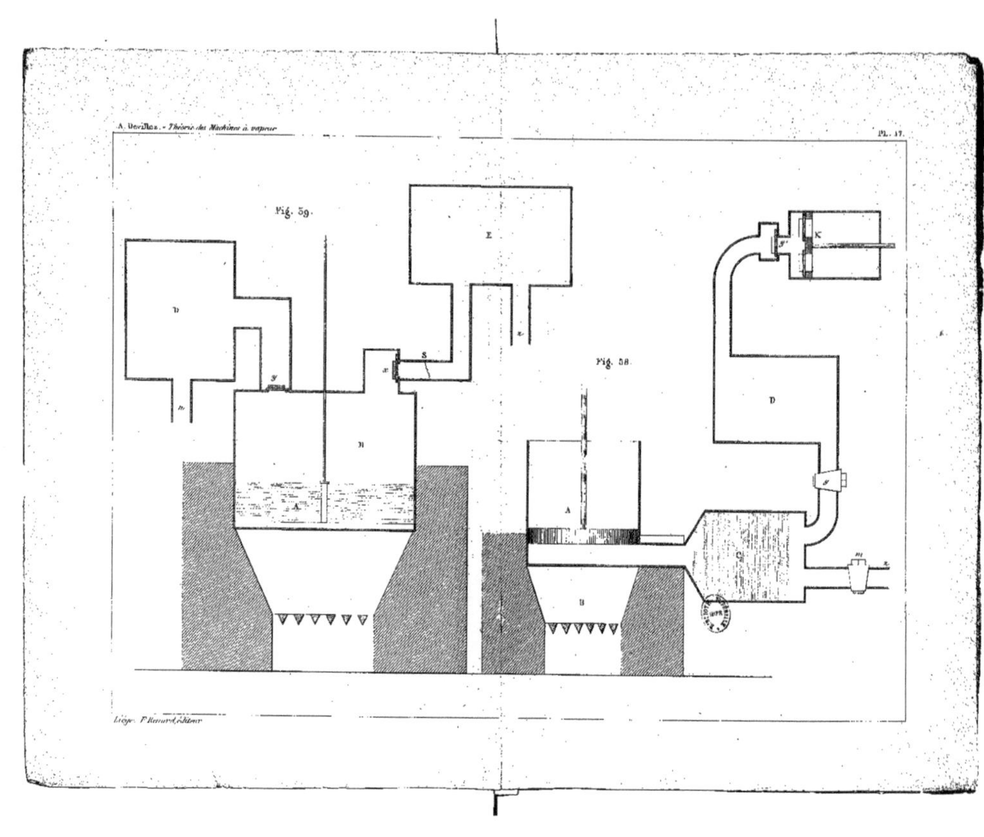
Fig. 59.
Fig. 58.

www.ingramcontent.com/pod-product-compliance
Ingram Content Group UK Ltd.
Pitfield, Milton Keynes, MK11 3LW, UK
UKHW022333120726
13694UKWH00004B/1581